Angelika Kipp

Gepunktet und gestreift

Fenster- und Wandbilder aus bedrucktem Tonkarton

frechverlag

Von der bekannten Autorin Angelika Kipp sind im frechverlag zahlreiche weitere Titel erschienen. Hier eine Auswahl:

TOPP 2350

TOPP 2349

TOPP 2307

TOPP 2280

TOPP 2308

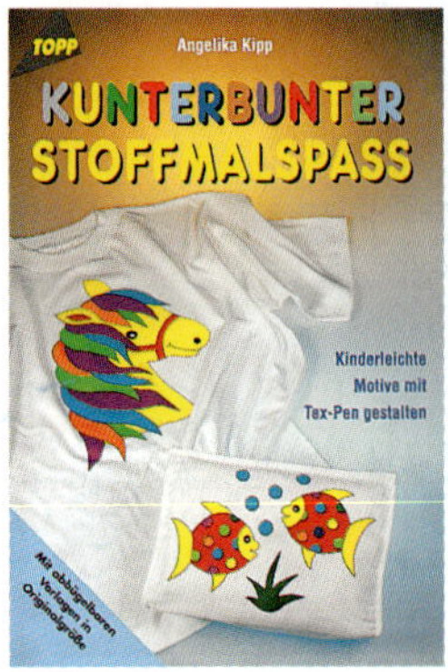

TOPP 2316

Zeichnungen: Berthold Kipp
Fotos: frechverlag GmbH + Co. Druck KG, 70499 Stuttgart; Fotostudio Ullrich & Co., Renningen

Dieses Buch enthält: 2 Vorlagenbogen

Auflage:	5.	4.	3.	2.	1.	Letzte Zahlen
Jahr:	2002	2001	2000	1999	98	maßgebend

frechverlag GmbH + Co. Druck KG, 70499 Stuttgart

ISBN 3-7724-2398-1 · Best.-Nr. 2398
Druck: frechverlag GmbH + Co. Druck KG, 70499 Stuttgart

Gepunktet und gestreift,

kariert und mit Sternen versehen ist der Tonkarton, der eine pfiffige Ergänzung zum einfarbigen Tonkarton ist. Denn neben den vielen wunderschönen Farben des Tonkartons kommt nun Karton mit aufgedruckten Mustern hinzu. Diese Muster kann man sehr vielfältig einsetzen.
Die Fensterbilder-Figuren tragen nun effektvolle Accessoires aus dem bedruckten Tonkarton wie Hemden, Hosen, Schleifen, Bleistifte, Handtücher, Schals, Schirme und vieles mehr.
Der Igel erscheint im neuen bunten Outfit, der Clown trägt eine bunte, gepunktete Hose, der Mond hat zur kleinen Nachtmusik seine schönste Sternenmütze aufgesetzt und, und, und ...
Natürlich sind auch Ihrer Phantasie keine Grenzen gesetzt. Lassen Sie sich von diesen schönen neuen Papieren einfach anregen.
Ich wünsche Ihnen viel Spaß dabei!

Ihre Angelika Kipp

Arbeitsmaterial und Werkzeug

- *Tonkarton (in verschiedenen Farben erhältlich)*
- *Gepunkteter Tonkarton*
- *Gestreifter Tonkarton*
- *Karierter Tonkarton*
- *Tonkarton mit Sternenaufdruck*
- *Architekten- oder Transparentpapier*
- *Dünne Pappe*
- *Schere*
- *Lineal*
- *Bastelmesser (Cutter) mit geeigneter Schneideunterlage*
- *Klebstoff, z. B. UHU Alleskleber*
- *Bleistift*
- *Anspitzer*
- *Weicher Radiergummi*
- *Schwarzer und roter Filzstift*
- *Evtl. Kreisschablone*
- *Klebeband*
- *Nähnadel*
- *Faden zum Aufhängen*

Tips und Tricks beim Basteln

Gestaltung des Motivs von der Vorder- und Rückseite

Ein frei hängendes, mehrteiliges Fensterbild sollte sowohl von der Vorderals auch von der Rückseite gearbeitet werden. Sie benötigen dann die meisten Teile in doppelter Ausführung. Sie werden in der gleichen Reihenfolge wie auf der Vorderseite, jedoch spiegelverkehrt, angeordnet.

Deckungsgleiches Kleben und Aufmalen

Die Rückseite von mehrteiligen Fensterbildern sollte besonders bei der Verwendung von hellem Tonkarton absolut deckungsgleich zur Vorderseite bemalt und aufgeklebt werden, da dieser durchscheint.
Stellen Sie dazu zunächst die Vorderseite des Motivs komplett zusammen. Dann wird die Bastelarbeit bei Tageslicht mit der bereits fertig gearbeiteten Seite gegen eine Fensterscheibe gedrückt. Sie sehen nun, daß einige Kanten und Linien durchscheinen – diese Stellen müssen auf der Rückseite deckungsgleich bemalt bzw. beklebt werden.

Aufhängung

Es gibt verschiedene Möglichkeiten, ein Fensterbild aufzuhängen. Sie können zwischen dem altbewährten Faden oder Klebeband wählen.
Wenn Sie mit einem Faden arbeiten wollen, balancieren Sie das Motiv zwischen Daumen und Zeigefinger aus, bis Sie die richtige Stelle gefunden haben. Mit einer Nadel wird dann einige Millimeter vom Rand entfernt in den Tonkarton gestochen und der Faden durchgezogen. Größere Motive sollten Sie mit zwei Fäden aufhängen.

Motivhöhe

Damit Sie eine Vorstellung von der Größe des Motivs haben, sind bei jedem Motiv dessen Maße angegeben.

Schritt für Schritt

1. Legen Sie Transparentpapier auf das ausgewählte Motiv auf dem Vorlagenbogen, und übertragen Sie mit einem Bleistift oder Filzstift alle benötigten Teile ohne Überschneidungen.

2. Das Transparentpapier mit den Zeichnungen wird auf eine dünne Pappe geklebt, und alle Einzelteile werden mit Schere und Cutter sauber ausgeschnitten. Fertig sind die Schablonen!
Mit Hilfe dieser Schablonen arbeiten Sie die benötigten Motivteile, indem Sie sie einfach auf Tonkarton der gewünschten Farbe oder auf den gemusterten Karton legen, mit einem Bleistift umfahren und dann einzeln ausschneiden.

3. Für die Bemalung der Gesichter und für die Innenlinien benötigen Sie einen schwarzen Filzstift. Fügen Sie zuletzt die Einzelteile zum Motiv zusammen – das Foto und die Vorlage geben dafür Positionierunshilfen.

Stets zu Diensten!

Motivhöhe: ca. 39 cm

Dieser freundliche Kellner bringt Ihnen eiskalte, erfrischende Köstlichkeiten. Zeichnen Sie das Auge und alle gepunkteten Linien (s. Vorlagenbogen) auf. Der Pinguin erhält das Fuß- und Bauchteil sowie den Schnabel und das zweiteilige Tuch aus rot-weiß gepunktetem Tonkarton. Auf dem Tablett serviert er Ihnen drei Kugeln Eis mit einer Waffel, die hinter dem Becher plaziert werden.
Guten Appetit!

Ein perfekter Jongleur

Motivhöhe: ca. 41 cm

Dieser kleine Seehund ist im Jonglieren von Bällen sehr geschickt.
Zeichnen Sie dem Tier sein Gesicht auf. Zur Vorführung trägt der Seehund seinen zweiteiligen Zylinder und die umgebundene Schleife. Das Hutband und die Schleife sind aus gepunktetem Tonkarton geschnitten. Ergänzen Sie den Arm und den Ball aus rot-weiß gepunktetem Tonkarton.
Der Seehund hat bereits im Sand neben einem Seestern Platz genommen.
Nun kann das Programm beginnen.

Im Gänsemarsch

Motivhöhen:

Große Ente ca. 41 cm
Kleine Ente ca. 30 cm

Das Wetter ist gut, und Mutter Ente präsentiert heute stolz ihren Nachwuchs.
Zu diesem Anlaß bekommt die ganze Familie ihre Augen und Schnabelstriche aufgemalt. Die stolze Mutter trägt einen zweiteiligen Hut, der mit einem gepunkteten Schleifenband am Kopf festgebunden wird.

Jedes Familienmitglied erhält seinen Schnabel und das Fußpaar. Die Kinder tragen gepunktete Halstücher in verschiedenen Farben.
Das Ausflugsziel ist heute der kleine Teich ganz in der Nähe.

Mein Lieblingsplatz

Motivhöhe: ca. 20 cm

Auf so einem dicken Federkissen ist es richtig gemütlich.
Zeichnen Sie diesem gut gelaunten Burschen das Gesicht und die Innenohrstriche auf. Das Gesicht wird auf dem Haarteil fixiert und dieses auf das blaue Hemd mit den aufgesetzten Knöpfen geklebt. Die Knöpfe werden mit Hilfe eines Lochers ausgestanzt. Mit den Händen stützt das Kind seinen Kopf. Das Federkissen aus kariertem Tonkarton erhält seine roten Teile samt Knöpfen. Legen Sie das Kind auf das weiche Kissen.
Hier kann man sich wunderbar erholen!

Ein Lausbub auf Wanderschaft

Motivhöhe: ca. 41 cm

Diesen Lausbub zieht es hinaus in die weite Welt.
Zeichnen Sie sein Gesicht sowie alle schwarz markierten Stellen und gepunkteten Linien (s. Vorlagenbogen) auf. Die geflickte Hose mit den untergeklebten Schuhen wird auf dem karierten Hemd plaziert. Fixieren Sie den Wanderstock mit dem dreiteiligen Vögelchen auf der Schulter, und ergänzen Sie dann den Arm samt der Hand.

Der Kopf erhält seine strohblonden Haare und wird dann auf den Körper gesetzt. Fröhlich zieht der Bursche über die mit Blumen geschmückte Wiese. Die Blumen werden mit Hilfe eines Lochers ausgestanzt.
Die beiden Wanderlustigen werden sicher eine Menge erleben!

Karl, der Kaktus

Motivhöhe: ca. 43 cm

Ein wenig unrasiert, aber sonst sehr nett ist Karl, der Kaktus.
Zeichnen Sie dem stacheligen Gesellen die Augen und alle gepunkteten Linien (s. Vorlagenbogen) auf. Karl erhält seine Augen und die rote Nase.

Der Kaktuskörper wird auf das gelbe Hutteil geklebt. Ergänzen Sie zuletzt den Hutrand und das zweiteilige Tuch aus gepunktetem Tonkarton.
Viva Mexiko!

Auf zur Malstunde

Motivhöhe: ca. 20 cm

Mit so großen Buntstiften lassen sich sicher tolle Bilder zeichnen.
Zeichnen Sie die Augen, Nasen und alle gepunkteten Linien (s. Vorlagenbogen) auf. Die Stifte erhalten ihr braunes Holzteil. Jeder Teddy hält mit der linken Pfote einen Stift. Damit es den beiden auf dem Weg zur Malstunde nicht kühl wird, binden Sie jedem einen gepunkteten Schal um.
Vielleicht wird man bald die Kunstwerke der Eisbären bewundern können.

An der Nordseeküste ...

Motivhöhe: ca. 50 cm

Dieser Seebär hat Musik im Blut! Zeichnen Sie die Augen und alle gepunkteten Linien (s. Vorlagenbogen) auf. Das musikalische Tier erhält das gestreifte Hemd und die dreiteilige Mütze. Ergänzen Sie den Schnurrbart mit den untergesetzten Stoßzähnen und der aufgesetzten Nase. Zwischen den Flossen hält der Seebär die dreiteilige Ziehharmonika. Der bärtige Musiker nimmt auf einer Sanddüne Platz, auf der sich einige Kiesel und ein Seestern befinden.

Nun spitzen Sie mal die Ohren!

Hokuspokus, Fidibus!

Motivhöhe: ca. 41 cm

Da hat der Zauberer ein nettes Kaninchen aus seinem Zylinder gezaubert! Das kleine Tier bekommt seine Augen und alle gepunkteten Linien (Vorlagenbogen) aufgezeichnet; die Nase wird aufgeklebt. Plazieren Sie das Körperteil auf dem zweiteiligen Zylinder, und ergänzen Sie das Kopfteil mit den aufgesetzten Innenohrteilen und der Schleife aus Sternchen-Tonkarton. Einige Zaubersterne kleben noch auf dem Zylinder. Einfach zauberhaft!

Eine kleine Nachtmusik

Motivgröße: ca. 38 cm

Dieser kleine Sänger erfreut den Mond mit seinem schönen Gesang.
Zeichnen Sie den beiden Freunden die Augen und alle gepunkteten Linien (s. Vorlagenbogen) auf. Der Mond trägt heute nacht seine schönste Sternenmütze, die aus zwei Teilen besteht. Das Vögelchen mit dem ergänzten Schnabel und dem Flügel nimmt auf dem Mond Platz. Die aufgesetzten Noten gehören zu dem Gute-Nacht-Lied, das das Vögelchen seinem nächtlichen Freund darbringt.

Im modischen Outfit

Motivhöhen: jeweils ca. 23 cm

Gepunktet oder gestreift – wer hat die schönsten Flügel?
Wenn auch Sie am neuesten Look Interesse haben, zeichnen Sie die Augen und Schnabelstriche auf. Fixieren Sie den Kamm, den Schnabel, den Hautlappen und den gemusterten Flügel auf dem jeweiligen Tier.
Voll im Trend!

Auf zum Baden!

Motivhöhen:

Nilpferdmann ca. 37 cm
Nilpferdfrau ca. 36,5 cm

Wenn die Sonne vom Himmel scheint, geht dieses wohlgenährte Pärchen gern baden.

Zeichnen Sie zunächst bei beiden Motiven alle schwarz markierten Stellen und gepunkteten Linien (s. Vorlagenbogen) auf. Die Zungen werden rot angemalt.

Nilpferdmann

Der nette Dickhäuter bekommt seine Innenohrteile und die modisch gestreifte Badehose. Fügen Sie die beiden Körperteile zusammen, und stellen Sie das Tier auf die Wiese.

Nilpferdfrau

Die schwergewichtige Badenixe erhält den gepunkteten Badeanzug. Setzen Sie den Kopf auf den mit dem Hutband geschmückten Hut, und fügen Sie die Körperteile zusammen. Gut gelaunt spaziert das Tier über die Wiese. Vielleicht trifft man sich im Freibad!

Willst du auch baden gehen?

Motivhöhe: ca. 34 cm

Da freut sich der Elefant: Nun hat er endlich Gesellschaft beim Baden gefunden!
Beide Tiere benötigen ihre Gesichter und gepunkteten Linien (s. Vorlagenbogen), die aufgemalt werden. Die beiden erhalten ihr Kleidungsstück, ihr Ohr und den Arm. Wenn der Elefant sein Schwanzteil erhalten hat, darf die Maus auf dem Rüssel Platz nehmen.
Ein nettes Pärchen!

Guten Morgen!

Motivhöhe: ca. 37 cm

Gut gelaunt beginnt dieses Nashorn den Tag.
Damit es sich frisch machen kann, zeichnen Sie sein Gesicht und alle gepunkteten Linien (s. Vorlagenbogen) auf.

Das Tier schlüpft in seine gelben Pantoffeln und wirft sich das gepunktete Handtuch über seine linke Schulter. Nun fehlen noch das Innenohrteil und der linke Arm.
Und nun schnell ins Badezimmer!

Ich lerne schreiben!

Motivhöhe: ca. 30 cm

Die Eule lernt mit ihrem großen Buntstift das Schreiben.
Bevor sie zur Schule fliegt, zeichnen Sie ihre Augen und alle gepunkteten Linien (s. Vorlagenbogen) auf. Binden Sie dem Tier die zweiteilige Krawatte um, und ergänzen Sie den Schnabel und die beiden Krallen. Zwischen den Flügelteilen hält der Vogel den zweiteiligen Stift. Plazieren Sie zuletzt das Tier auf dem Zweig.
Nun kann die Eule in die Schule fliegen!

Willst du mich umarmen?

Motivhöhe: ca. 36 cm

Aber Vorsicht: Ich pikse beim Knuddeln!
Zeichnen Sie die Augen (auf weißen Tonkarton), die Nase, den Mund und den Bauchnabel auf. Der Igel erhält seine gestreifte Hose und die farblich abgestimmte gepunktete Weste. Das Gesichtsteil wird von vorn, die Stacheln werden von hinten ergänzt. Die zweiteilige Blume wird zwischen den beiden rechten Pfotenteilen gehalten.
Diese Blume ist sicher für Sie!

Ein freundliches Mädchen

Motivhöhe: ca. 22,5 cm

Für wen mag diese Blume sein? Zeichnen Sie das nette Gesicht auf. Das Haarteil wird von hinten ergänzt. Fixieren Sie das Beinteil mit den Schühchen unter dem Kleid, die karierte Schürze mit der aufgesetzten Tasche darauf.

Die Hand wird unter den Ärmel und auf das Kleid geklebt. Das Mädchen hält eine zweiteilige Tulpe in der Hand. Solch ein nettes Mädchen muß man einfach gernhaben!

Ich heiße August

Motivhöhe: ca. 34 cm

Dieser lustige Clown erfreut groß und klein.
Zeichnen Sie die Augen (weiße Tonkartonkreise) und alle gepunkteten Linien (s. Vorlagenbogen) auf. Die beiden gepunkteten Hosenteile samt Trägern und Knöpfen werden auf das geflickte und mit drei Knöpfen versehene Hemd geklebt. Setzen Sie den gestreiften Kragen darauf und die Hände darunter. Die Schuhe mit den grünen Spitzen werden unter der Hose fixiert.

Die Punkte auf den Schuhen werden mit Hilfe eines Lochers ausgestanzt und aufgeklebt. Das Gesicht erhält sein weißes Mundteil, die Nase, das Augenpaar und die beiden Haarteile. Kleben Sie zuletzt den Kopf auf den Körper.
Solche Spaßmacher sind im Zirkus oder als Fensterbild anzutreffen.

Zwei nette Mitbringsel

Motivhöhen: jeweils ca. 21 cm

Diese Blumen welken nicht – an ihnen kann man sich lange erfreuen.
Die Blüten erhalten von vorn das gelbe Blütenkörbchen.
Der Stiel wird von hinten ergänzt. Mit jeweils einer karierten Schleife geschmückt, sind diese Blumen ein nettes Mitbringsel!

Lauter bunte Schirme

**Motivhöhe:
jeweils ca. 13,5 cm**

An diesen Schirmen erfreut man sich, selbst wenn die Sonne scheint.
Die Stöcke werden ganz einfach von hinten an die gepunkteten Schirme geklebt. Nun bewegen sich die Schirme im Wind.

Lustige Waldbewohner

Motivhöhen: **Großer Pilz ca. 36 cm**
Kleiner Pilz ca. 14,5 cm

Diese lustigen Waldbewohner können schon bald in Ihrem Heim ein neues Zuhause finden.
Malen Sie allen Pilzen die Augen und die Münder auf; die Nasen werden aufgeklebt.
Die Pilze erhalten ihre gepunkteten Kappen in verschiedenen Farben.

Der große Pilz steht auf einer Wiese, auf der ein Blümchen wächst.
Nun haben Sie gleich eine ganze Pilzfamilie!

Eine stille Schönheit

Motivhöhe: ca. 20 cm

Ganz lautlos gleitet dieser schöne Schwan durch das Wasser.
Zeichnen Sie das Auge und alle gepunkteten Linien (s. Vorlagenbogen) auf. Nun erhält der Schwan den Schnabel und die Schleife aus gepunktetem Tonkarton. So geschmückt, schwimmt er majestätisch auf der Wasserfläche. Ein schöner Anblick!

Ein verschmitztes Nashorn

Motivhöhe: ca. 33 cm

Dieses Tier hat bestimmt schon so manchen Streich ausgeheckt.
Zeichnen Sie alle schwarz markierten Stellen und gepunkteten Linien (s. Vorlagenbogen) auf. Das Nashorn erhält seine pfiffige, aber leider schon geflickte Hose aus gestreiftem Tonkarton. Setzen Sie die Knöpfe darauf, und plazieren Sie den Kragen. Zuletzt kleben Sie das Innenohrteil auf.
Was mag es wohl als nächstes planen?

Exklusive Häuser

Motivhöhe: ca. 15 cm

Die Schnecken nehmen ihr Häuschen überall mit hin.
Damit die beiden auf Wanderschaft gehen können, zeichnen Sie die Augen und den Mund auf. Die Nase, die Fühlerenden und die Haare werden aufgesetzt. Fügen Sie das Kopf- und Körperteil zusammen. Jede Schnecke bekommt ihr eigenes Haus, das aus je drei Teilen besteht, im modernen Outfit. Wirklich ausgefallene Architekturen!

Das ist mein Lieblingsplatz

Motivhöhe: ca. 31 cm

Das kleine Känguruhkind fühlt sich so nah bei der Mama am wohlsten.
Zeichnen Sie den Tieren und dem Ballon das Gesicht und alle gepunkteten Linien (s. Vorlagenbogen) auf, und fügen Sie die beiden Luftballonteile zusammen. Der Körper des Kindes wird zwischen dem Körper der Mutter und der gestreiften Hose angebracht. Die Tiere erhalten je ein Halstuch. Befestigen Sie den Ballon am Kopf und das Band an der Hose des großen Känguruhs. Nun brauchen Mutter und Kind noch ihren rechten Arm.
Hoffentlich fällt der Nachwuchs beim Springen nicht aus der großen Hose!